LEVEL 2

사이언스 리더스

지구를 이루는 암석과 광물

캐슬린 웨드너 조펠드 지음 | 김아림 옮김

비룡소

캐슬린 웨드너 조펠드 지음 | 미국 마운트 홀리요크 대학과 미시간 대학교를 졸업했다. 어린이를 위한 과학 및 역사책을 60권 이상 썼고, 미국과학진흥협회, 미국도서관협회 등에서 상을 받았다. 책을 읽고 쓰는 시간 외에는 지역의 자연사 박물관에 필요한 연구를 하거나 현장 작업을 한다.

김아림 옮김 | 서울대학교에서 공부하고 같은 대학원 과학사 및 과학철학 협동 과정에서 석사 학위를 받았다. 출판사에서 과학책을 만들다가 지금은 책 기획과 번역을 하고 있다.

이 책은 지질학자이자 과학 교육 전문가인 스티브 토메섹이 감수하였습니다.

내셔널지오그래픽 키즈 사이언스 리더스
LEVEL 2 지구를 이루는 암석과 광물

1판 1쇄 찍음 2025년 1월 20일 **1판 1쇄 펴냄** 2025년 2월 20일
지은이 캐슬린 웨드너 조펠드 **옮긴이** 김아림 **펴낸이** 박상희 **편집장** 전지선 **편집** 유채린 **디자인** 김연화
펴낸곳 (주) 비룡소 **출판등록** 1994.3.17.(제16-849호) **주소** 06027 서울시 강남구 도산대로1길 62 강남출판문화센터 4층
전화 02)515-2000 **팩스** 02)515-2007 **홈페이지** www.bir.co.kr **제품명** 어린이용 반양장 도서 **제조자명** (주) 비룡소
제조국명 대한민국 **사용연령** 3세 이상 **ISBN 978-89-491-6918-7 74400 / ISBN 978-89-491-6900-2 74400 (세트)**

NATIONAL GEOGRAPHIC KIDS READERS LEVEL 2
ROCKS AND MINERALS by Kathleen Weidner Zoehfeld

사진 저작권 Cover, Dorling Kindersley/Getty Images; 1, Walter Geiersperger/Corbis; 4-5, Michael DeYoung/ Corbis; 6-7, Allen Donilkowski/Flickr RF/Getty Images; 8, Suzi Nelson/Shutterstock; 9 (top left), Martin Novak/Shutterstock; 9 (top right), Manamana/Shutterstock; 9 (left center), Tyler Boyes/Shutterstock; 9 (right center), Biophoto Associates/Photo Researchers, Inc.; 9 (bottom left), Charles D. Winters/Photo Researchers RM/Getty Images; 9 (bottom right), Steffen Foerster Photography/Shutterstock; 10, Dorling Kindersley/Getty Images; 11 (top), Charles D. Winters/Photo Researchers RM/Getty Images; 11 (bottom), Biophoto Associates/Photo Researchers, Inc.; 12, Suzi Nelson/Shutterstock; 12-13, Tim Robinson; 14 (top), Bragin Alexey/Shutterstock; 14 (center), Visuals Unlimited/Getty Images; 14 (bottom), Glen Allison/ Photodisc/Getty Images; 15, beboy/Shutterstock; 16, Jim Lopes/Shutterstock; 16 (inset), Suzi Nelson/Shutterstock; 17 (bottom), Visuals Unlimited/Getty Images; 17 (top), Gary Ombler/Dorling Kindersley/Getty Images; 18 (bottom right), Doug Martin/Photo Researchers/Getty Images; 18, Suzi Nelson/Shutterstock; 19 (top left), Michal Baranski/Shutterstock; 19 (top right), Tyler Boyes/Shutterstock; 19 (bottom left), Charles D. Winters/Photo Researchers RM/Getty Images; bottom right: 19 (bottom right), Doug Martin/Photo Researchers RM/Getty Images; 19 (bottom), A. Louis Goldman/ Photo Researchers, Inc.; 20 (top left), sculpies/Shutterstock; 20 (top right), David W. Hughes/Shutterstock; 20 (bottom), Philippe Psaila/Photo Researchers, Inc.; 21 (top left), S.J. Krasemann/ Peter Arnold/Getty Images; 21 (top right), Myotis/ Shutterstock; 21 (bottom left), Mark A Schneider/Photo Researchers/Getty Images; 21 (bottom right), Jim Parkin/ Shutterstock; 22-23, Tim Robinson; 24, Dorling Kindersley/Getty Images; 25, James L. Amos/ Photo Researchers RM/ Getty Images; 26 (bottom left), Mr. Lightman/Shutterstock; 27 (top left),Breck P. Kent/Animals Animals; 27 (top right), Burazin/Getty Images; 27 (bottom left), Biophoto Associates/Photo Researchers RM/Getty Images; 27 (bottom right), Don Farrall/Getty Images/SuperStock; 28, SuperStock; 29, Gary Blakeley/Shutterstock; 30 (top), beboy/Shutterstock; 30 (center), Dr. Marli Miller/Visuals Unlimited, Inc./Getty Images; 30 (bottom), Dan Shugar/Aurora Photos; 31 (top left), Cbenjasuwan/Shutterstock; 31 (top right), Bakalusha/Shutterstock; 31 (bottom left), Leene/Shutterstock; 31 (bottom right), Buquet Christophe/Shutterstock; 32 (top right), Dan Shugar/Aurora Photos; 32 (top left), Martin Novak/ Shutterstock; 32 (center right), Tim Robinson; 32 (center left), Bragin Alexey/Shutterstock; 32 (bottom right), Jim Lopes/ Shutterstock; 32 (bottom left), LesPalenik/Shutterstock; header, HamsterMan/Shutterstock; background, sommthink/ Shutterstock

이 책의 차례

우리 주변 어디에나 있는 암석

밖에 나가서 천천히 걸으며 주변을 한번 둘러봐. 여러 가지 돌을 쉽게 찾을 수 있을 거야. 돌과 바위는 **암석**이라고도 해.

오늘 발견한 암석은 무슨 색이니? 회색이나 검은색? 아니면 흰색이나 갈색? 어쩌면 푸른색이거나 붉은색일 수도 있겠다. 혹은 여러 색깔이 섞여 반짝일지도 모르지!

암석 용어 풀이

암석: 지구의 겉면을 구성하고 있는 단단한 물질. 모래알, 조약돌, 바위 절벽 등이 있다.

암석을 하나 주워서 살펴보자. 만졌을 때 느낌이 매끄럽니, 꺼끌꺼끌하니? 한 손으로 들기에 무겁지는 않니?

Q 사과가 길을 굴러가다가 돌멩이에 파여 버리면?

A 파인애플

암석은 저마다 자기만의 촉감과 무게가 있어. 암석을 이루는 광물 때문이지. 그런데 광물이 뭘까?

암석을 이루는 다양한 광물

광물은 물, 흙, 돌처럼 생명이 없는 것들이 모여 단단하게 굳은 거야. 모든 암석은 광물로 이루어져 있어. 다시 말해, 광물은 암석을 구성하는 재료라고 할 수 있지.

광물은 저마다 특별한 모양이 있는데, 이를 **결정**이라고 해.

지질학자들은 그동안 지구에서 수많은 광물을 발견했어. 그중에는 우리 주변에서 쉽게 찾을 수 있는 광물도 있지만, 그렇지 않은 귀한 광물도 있어.

암석 용어 풀이

결정: 녹아 있던 암석이 천천히 식어서 굳을 때 나타나는 광물의 모양.

지질학자: 지구를 이루는 암석과 광물, 지구가 만들어진 과정 등을 연구하는 과학자.

발견하기 쉬운 광물

발견하기 어려운 광물

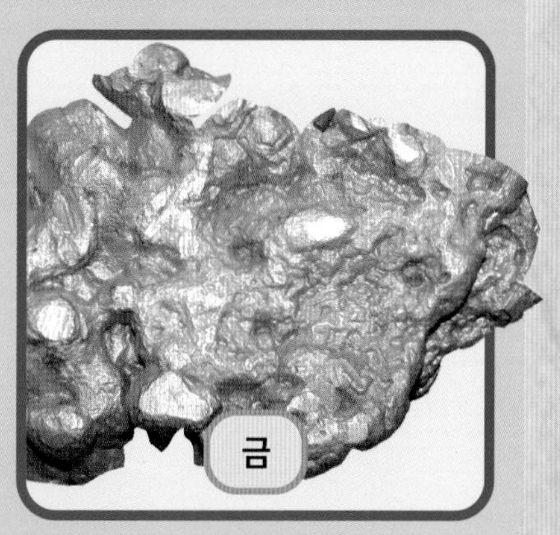

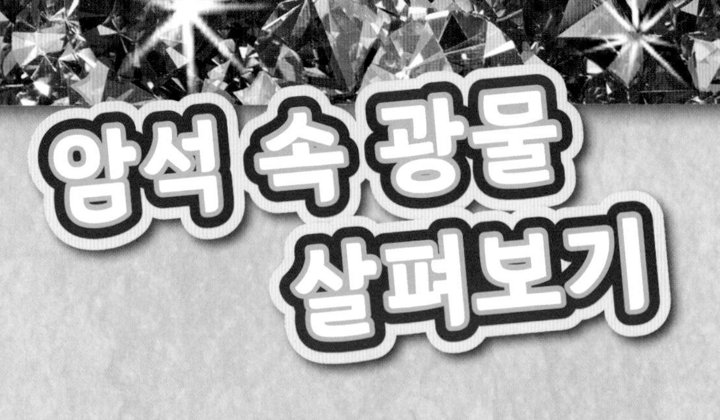

암석 속 광물 살펴보기

하나의 광물로만 구성된 암석이 있기는 하지만, 암석은 대부분 둘 이상의 광물로 이루어져 있어.

반짝반짝 금은 석영과 함께 섞여 있곤 해.

Q
매일 빙글빙글 도는
돌은?
맷돌
A
석회암은 생물의 뼈, 조개나 산호의 껍데기가
바닷물에 녹아 있다가 가라앉아 쌓이면서
만들어져. 주로 한 가지 광물로 이루어져 있어.
페그마타이트는 마그마가 식어서 만들어진
암석이야. 10가지가 넘는 광물로 이루어져 있지.
11

암석의 탄생과 변신

암석은 크게 세 가지 방법으로 만들어져. 그래서 지질학자들은 만들어지는 방법에 따라 암석을 다음과 같이 세 가지로 구분했어.

 화성암  퇴적암  변성암

암석 용어 풀이

화성암: 마그마와 용암이 식으면서 만들어진 암석.

마그마: 깊은 땅속에서 암석이 녹은 것.

용암: 땅속의 마그마가 땅 위로 흘러나온 것.

화산: 땅속의 마그마가 터져 나와 만들어진 산.

1 화성암

지구에 있는 암석은 대부분 **화성암**이야.
화성암은 땅속 깊은 곳의 뜨거운 **마그마**와
땅 위의 **용암**이 식으면서 만들어져. 땅속의
마그마가 땅 위로 흘러나온
것을 용암이라고 해.

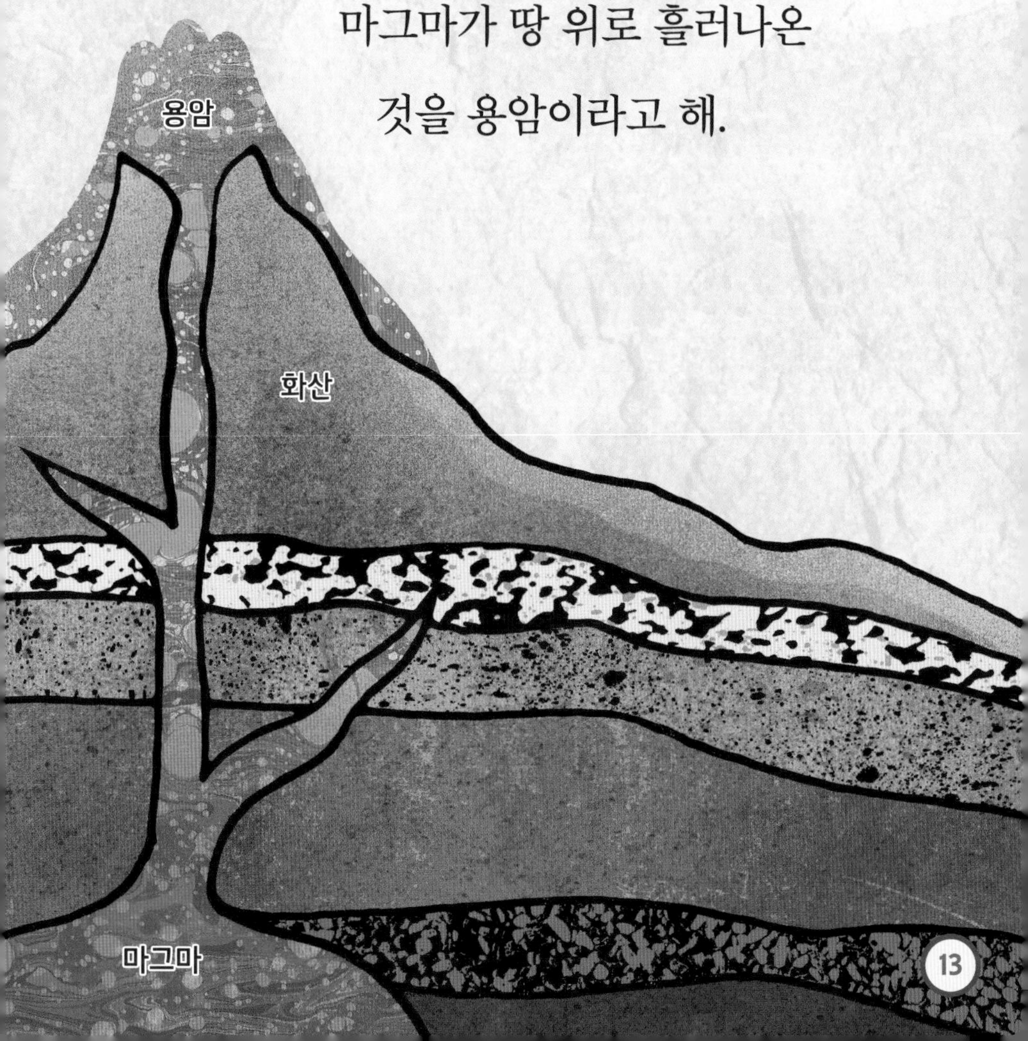

화강암은 우리 주변에서
흔히 볼 수 있는
심성암의 한 종류야.

화성암은 크게 심성암과
화산암으로 나뉘어.
심성암은 마그마가 땅속
깊은 곳에서 천천히 굳으면서
만들어진 암석이야.
한편 땅 위로 흘러나온 용암이
빠르게 식어서 만들어진
암석은 **화산암**이라고 해.

화산암 중 하나인 흑요암이야.
회색이나 검은색을 띠어.

아일랜드의 자이언트 코즈웨이야. 약 4만 개의
현무암 기둥이 늘어선 곳이지. 현무암은 용암이
식어서 만들어진 화산암 중 하나란다.

펑! 화산에서 뜨거운 용암이 뿜어져 나오고 있어.
용암의 온도는 섭씨 800~1200도나 돼!

사암은 모래 알갱이가 뭉쳐서
단단하게 굳어진 암석이야.
암석
용어 풀이
퇴적암: 암석의 여러 작은
알갱이들이 한데 쌓이고 뭉쳐
만들어진 암석.

2 퇴적암

퇴적암 중 하나인 셰일은 진흙처럼 작은 알갱이가 쌓여서 만들어져.

암석은 오랜 세월 동안 비와 바람, 물과 얼음 등에 의해 작게 부스러져. 그리고 다시 물에 씻기거나 바람에 날려 땅이나 호수, 바다 밑바닥에 쌓이지. 이렇게 쌓인 조각들을 **퇴적물**이라고 해.

역암은 자갈, 모래 등 여러 종류의 알갱이로 이루어진 퇴적암이야.

퇴적물은 바닥에 층을 이루며 계속 쌓여. 그리고 오랫동안 점점 뭉치고 단단해지면서 **퇴적암**이 돼.

3 변성암

지구에서 우리는 **판**이라는 거대한 암석층 위에 서 있어. 이 판은 계속해서 움직이고 있지. 우리는 그 움직임을 느끼지 못하지만 말이야.

그런데 이 판들이 움직이다가 서로 부딪히면 암석층은 큰 열과 압력을 받아. 이때 단단했던 암석층이 뒤틀리거나 성질이 변하면서 완전히 다른 새로운 암석이 만들어지는데, 이를 **변성암**이라고 해.

암석 용어 풀이

판: 지구의 가장 바깥쪽을 둘러싼 거대한 암석 조각.

변성암: 열과 압력을 받아 모양과 성질이 변한 암석.

열과 압력
사암(퇴적암)
규암(변성암)
열과 압력
석회암(퇴적암)
대리암(변성암)

이탈리아에 있는 변성암 지층이야.
암석층이 물결치듯 휘어져 있어.

7 암석과 광물에 관한 7가지 놀라운 사실

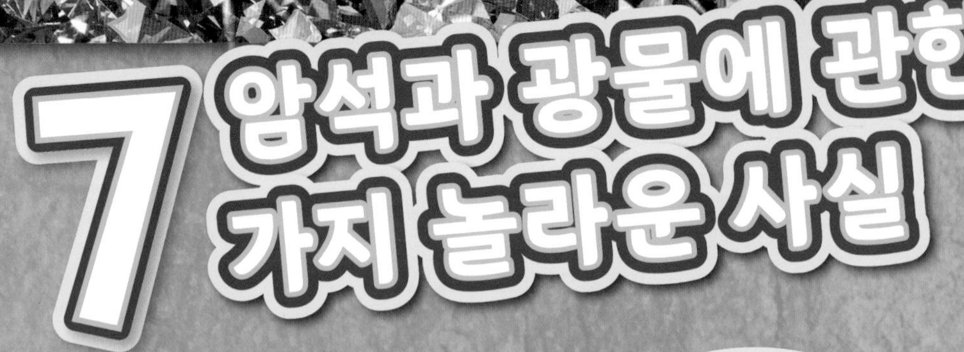

1

수천 년 전 고대 이집트 사람들은 석회암으로 피라미드를 지었어. 피라미드는 오늘날까지도 그 자리에 서 있지.

2

다이아몬드는 지구에서 가장 단단한 광물이야. 다이아몬드로 강철도 자를 수 있어!

3

활석은 지구에서 가장 무른 광물이야. 손톱으로 활석을 긁어 낼 수 있을 정도지.

부석은 구멍이 많고 물에 뜰
정도로 가벼워.

달은 대부분 화성암으로
이루어져 있어.

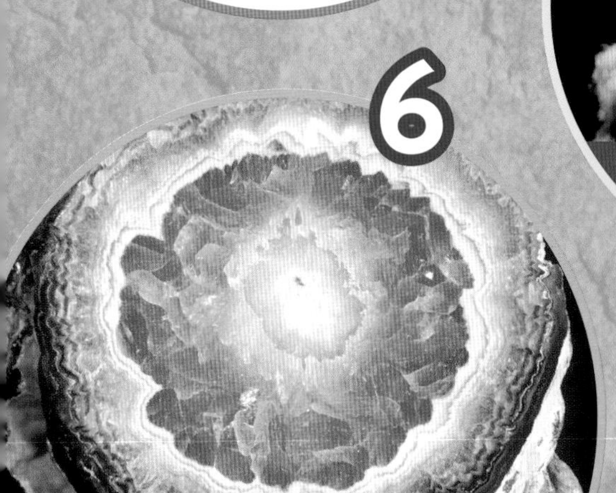

정동석의 겉모습은 다른 암석과 비슷해.
하지만 갈라진 틈을 벌려 쪼개면 안쪽에
보석처럼 아름다운 결정이
잔뜩 들어 있어.

흑요암은 겉면이 유리처럼
매끄러워.

돌고 도는 암석

지구는 하나의 거대한 암석 공장 같아. 오래된 암석이 바스라져서 점점 더 작은 부스러기가 되어도 항상 새로운 암석이 만들어지고 있으니까.

자연에서는 어떤 현상들이 똑같은 순서를 따라 계속 일어나. 이를 **순환**이라고 하지. 암석은 화성암이 되었다 퇴적암, 변성암이 되었다 하면서 계속 돌고 돌며 순환해.

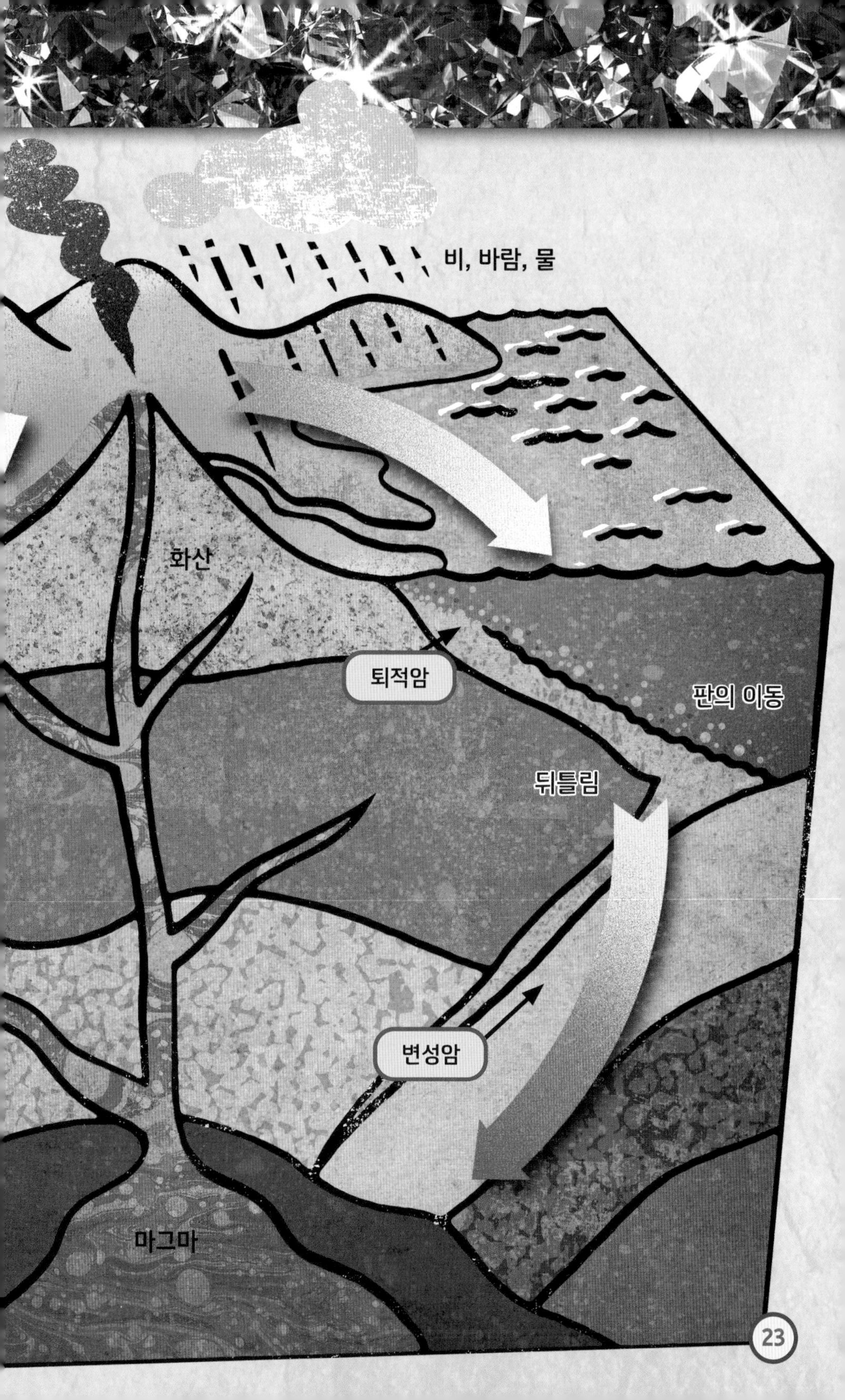
비, 바람, 물
화산
퇴적암
판의 이동
뒤틀림
변성암
마그마

화석을 품은 암석

먼 옛날에 살던 생물의 몸이나 생활한 흔적이 퇴적물에 남은 것을 **화석**이라고 해. 생물이 죽은 뒤 그 위로 퇴적물이 빠르게 덮이면 뼈나 껍데기처럼 단단한 부분이 썩지 않고 남아 화석이 되는 거야.

주로 셰일, 사암 같은 퇴적암에서 나뭇잎, 조개껍데기, 곤충 등의 화석이 발견돼.

먼 옛날 바다 생물의 껍데기 화석이야. 소라 껍데기처럼 빙빙 비틀려 돌아간 무늬가 선명하게 남아 있어.

Q
돌멩이들이 모이면
무엇을 할까?
돌잔치
A
한 지질학자가 단단한
바위에서 공룡 뼈
화석을 캐내고 있어.

눈부시게 빛나는 광물

반짝반짝 빛나고 단단한 보석은 광물이야. 그래서 보석은 저마다 아름다운 결정 모양과 색깔을 지녔지. 자연에서 발견된 그대로의 보석을 **원석**이라고 해. 이 원석을 갈고 닦아서 값비싼 장신구를 만들어.

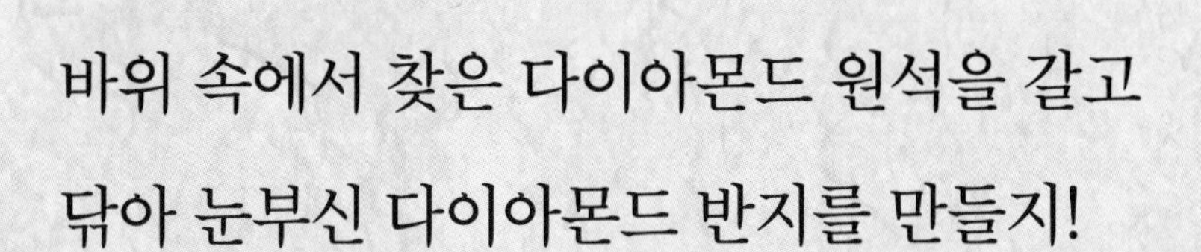

바위 속에서 찾은 다이아몬드 원석을 갈고

닦아 눈부신 다이아몬드 반지를 만들지!

다이아몬드

루비 원석도 깨끗하게 갈고 닦으면

붉은빛을 띠는 보석이 돼.

루비

암석과 광물로 우리 생활에 필요한 여러 물건을 만들어. 주변의 건물과 도로를 둘러보면서 암석과 광물을 찾아보자!

암석과 광물로 만든 건물과 도로는 튼튼해.

앞으로 오랫동안 그 자리에 남아 있을 거야.

도전! 암석과 광물 박사

이제 퀴즈를 풀면서 암석과 광물에 대해 얼마나 알게 되었는지 확인해 보자!

1

다음 중 화산에서 뿜어져 나오는 것은?

A. 황금
B. 용암
C. 다이아몬드
D. 물

2

다음 빈칸에 들어갈 알맞은 말은?
암석이 변하고 계속해서 새로 생기는 과정을 암석의 ________(이)라고 해.

A. 퇴적
B. 흔적
C. 분출
D. 순환

3

암석과 광물을 연구하는 과학자를 뭐라고 부를까?

A. 천문학자
B. 생물학자
C. 공학자
D. 지질학자

4

다음 중 화석이 자주 발견되는 암석은?

A. 화성암

B. 퇴적암

C. 변성암

D. 용암

5

원석을 갈고 닦으면 무엇이 될까?

A. 아이스크림

B. 얼음 사탕

C. 보석

D. 화석

6

다음 중 암석을 이루는 것은?

A. 광물

B. 씨앗

C. 바람

D. 나무

7

다음 빈칸에 들어갈 알맞은 말은?

광물마다 특별한 ________이(가) 있어.

A. 결정 모양

B. 냄새

C. 온도

D. 주인

정답: 1.B, 2.D, 3.D, 4.B, 5.C, 6.A, 7.A

결정
녹아 있던 암석이 천천히 식어서 굳을 때 나타나는 광물의 모양.

지질학자
지구를 이루는 암석과 광물, 지구가 만들어진 과정 등을 연구하는 과학자.

화성암
마그마와 용암이 식으면서 만들어진 암석.

마그마
깊은 땅속에서 암석이 녹은 것.

변성암
열과 압력을 받아 모양과 성질이 변한 암석.

퇴적암
암석의 여러 작은 알갱이들이 한데 쌓이고 뭉쳐 만들어진 암석.